AF227136

THÉORIE

DES

BRUITS PHYSIOLOGIQUES

DE

LA RESPIRATION

IMPRIMERIE J. CLAYE
RUE SAINT BENOIT 7
LABOR
PARIS

THÉORIE

DES

BRUITS PHYSIOLOGIQUES

DE

LA RESPIRATION

Par le Dr L. BERGEON

> « La théorie est l'explication des faits par les causes réelles. »
>
> FLOURENS. — *Histoire des travaux et des idées de Buffon.* 2e édition, page 186.

PARIS

ADRIEN DELAHAYE, LIBRAIRE-ÉDITEUR

PLACE DE L'ÉCOLE-DE-MÉDECINE

—

1869

THÉORIE

DES

BRUITS PHYSIOLOGIQUES

DE

LA RESPIRATION

On a beaucoup discuté, depuis la découverte de l'auscultation, sur la nature, les causes et le mécanisme des bruits physiologiques de la respiration ; aujourd'hui encore, à en juger par les opinions si différentes qui ont cours dans la science, cette intéressante question est loin d'être résolue.

Lorsqu'on pratique alternativement l'auscultation dans la poitrine et à la région cervicale, un peu au-dessous de la glotte, on observe entre l'inspiration et l'expiration un rapport complètement changé : dans la poitrine le bruit inspiratoire est tout à la fois plus intense et plus long ; à la glotte, au contraire, c'est l'expiratoire.

« Le murmure vésiculaire, dit M. Longet, se compose de deux bruits qui diffèrent pour l'inspiration et pour l'expiration : le premier est à la fois plus fort et plus long que le second. »

Voulant représenter par un chiffre la durée et l'intensité relatives de ces bruits, MM. Barth et Roger donnent à l'inspiration une valeur comme 3, tandis que l'expiration serait représentée par 1 seulement.

Pour M. Fournet la différence est encore plus grande : suivant cet auteur, l'inspiration serait à l'expiration comme 5 est à 1. Il s'agit toujours des deux bruits écoutés dans la poitrine.

Si nous portons maintenant notre oreille à la région cervicale, le rapport est renversé.

« L'intensité [1] du bruit glottique inspiratoire est notablement moindre que celle du bruit expiratoire.... Chez l'enfant, les deux bruits glottiques sont plus intenses que chez l'adulte; mais, comme chez ce dernier, l'expiratoire est toujours plus marqué que l'inspiratoire. »

Voilà un fait constant, admis et signalé par tous les auteurs, et dont cependant aucune théorie n'a donné l'interprétation.

Pourquoi le bruit le plus long et le plus fort dans la poitrine, l'inspiration, est-il au contraire à la glotte le plus court et le plus faible ? La raison de cette alternance se trouve : 1° dans le siége différent de ces bruits, 2° dans le mécanisme spécial du bruit expiratoire.

Toutes les explications proposées jusqu'ici peuvent se ranger sous deux groupes principaux : pour les uns, le murmure vésiculaire n'est qu'un bruit glottique pro-

1. Beau, *Traité d'auscultation*, page 113.

pagé ; pour d'autres, et c'est le plus grand nombre, le murmure vésiculaire est un bruit local, pulmonaire.

Si le murmure vésiculaire n'était qu'un bruit glottique propagé, les deux bruits d'inspiration et d'expiration iraient en diminuant d'intensité à mesure qu'on s'éloigne de la glotte ; c'est bien ce qu'on observe pour l'expiration, mais pour l'expiration seulement. L'inspiration, au contraire, ne perd rien de son intensité dans les points du poumon les plus éloignés de la glotte. D'un autre côté, si on admet que le murmure vésiculaire est un bruit local, né sur place, dans l'alvéole pulmonaire, comment expliquer que l'expiration, si faible dans la poitrine, devienne d'autant plus bruyante et prolongée qu'on se rapproche davantage de la glotte ?

Tous les auteurs qui ont ausculté des animaux trachéotomisés ont noté la cessation des bruits glottiques et un affaiblissement du bruit expiratoire dans la poitrine.

M. Bondet, dans le compte rendu de ses expériences, note toujours un affaiblissement de l'expiration ; à plusieurs reprises il signale même qu'elle avait entièrement disparu. C'est en effet ce qui doit arriver à la suite de la trachéotomie, si toutefois l'opération est pratiquée dans de bonnes conditions [1].

---

1. Il faut avoir soin, dans cette opération, de sectionner franchement la trachée entre deux cerceaux; on l'attire ensuite au dehors, soit avec une érigne, soit avec une anse de fil. Il suffirait d'un lambeau de muqueuse retombant dans la trachée ou de quelques gouttes de sang pour produire des bruits anormaux. Il est bon aussi de faire

Je dois à l'obligeance de M. Trasbot, chef de service à l'école d'Alfort, d'avoir pu répéter tout récemment ces expériences. Sur un chien de taille moyenne, que nous avions eu soin de faire courir avant l'opération afin de rendre la respiration plus active et par suite plus perceptible, M. Trasbot pratiqua une section transversale de la trachée à deux ou trois centimètres de la glotte, et aussitôt l'expiration disparut ; l'inspiration, au contraire, persista dans la poitrine, son intensité à peine diminuée. Ce résultat très-évident fut constaté par les élèves qui assistaient à l'expérience.

Le bruit inspiratoire a donc pour ainsi dire un double siége, la glotte et le poumon ; le bruit expiratoire, au contraire, ne se forme qu'à la glotte.

Voilà pour le siége, mais quelle est la cause de ces bruits ? Devons-nous la chercher dans les vibrations de l'air ou des tubes qu'il traverse (trachée, grosses et petites bronches, alvéoles, etc.) ?

Savart a depuis longtemps démontré le peu d'influence qu'exerce la vibration des parois sur la production du son dans le cas d'écoulement d'un fluide par un orifice. Ainsi il pouvait changer la substance, la forme, l'épaisseur de l'orifice, le graisser avec un corps onctueux ou le rendre rugueux [1], sans que le son produit par la

courir l'animal avant l'opération, autrement on entend à peine la respiration, surtout chez le cheval, et il est difficile d'apprécier ainsi des différences.

1. L'état lisse ou rugueux des parois intérieures d'un tube n'exerce aucune influence sur les vibrations de l'air ou du liquide qui le traverse ; on peut le démontrer expérimentalement, ainsi que l'a fait

veine fluide fût modifié; enfin il appliquait, sans produire le moindre changement, une tige rigide sur les bords de l'orifice. On sait cependant qu'il suffit d'appuyer le doigt sur un cristal qui vibre, sur un timbre ou une cloche, pour arrêter aussitôt les vibrations et le bruit. Au contraire, on peut serrer avec la main une clef, un sifflet, une flûte, etc., sans changer en rien le son, dont l'intensité est toujours en rapport avec la force du courant d'air. C'est que, dans les cas du timbre, du verre ou de la cloche, c'est le corps solide qui vibre, tandis que c'est l'air dans les cas d'écoulement par un orifice rétréci, ou par un tube muni d'une petite arête rigide, comme la clef ou le sifflet.

C'est donc aux vibrations de l'air que nous devons rapporter la cause des bruits respiratoires dont nous avons à étudier maintenant le mécanisme.

Il est bien évident que l'air de notre respiration ne produira un son qu'à la condition expresse de trouver sur son parcours une cause matérielle capable de le faire entrer en vibration, et, en tant que phénomènes acoustiques, les bruits respiratoires ne sauraient relever que des lois ordinaires de la physique.

Quelles sont donc les lois qui régissent la production du son dans des tubes semblables à ceux des voies aériennes ? Dans le cas le plus fréquent, l'air, après avoir traversé un orifice rétréci, arrive brusquement dans une partie élargie. C'est ce qui produit le mugisse-

M. Chauveau ; il faut, pour faire vibrer un fluide, des conditions physiques spéciales que le frottement plus ou moins exagéré ne saurait produire.

ment du vent qui pénètre par les joints des portes et des fenêtres, le sifflement de l'air qui traverse par un petit orifice une plaque métallique, une carte. C'est à la même cause qu'il faut rattacher le bruit que fait entendre vers son extrémité un soufflet dont on rapproche brusquement les valves, etc., etc. Dans tous ces cas le mécanisme est le même ; c'est celui qu'on étudie en physique sous le titre d'orifice rétréci et auquel Masson a même donné le nom d'*orifice sonore*. C'est qu'en effet, toutes les fois qu'un fluide traverse un orifice rétréci, l'écoulement devient périodique et affecte une disposition spéciale à laquelle on a donné le nom de *veine fluide* [1].

Nous aurons donc écoulement sonore et vibration de l'air si nous retrouvons sur le trajet des voies aériennes un orifice brusquement rétréci. Suivons par la pensée l'air qui, sous l'influence de la dilatation du thorax, va se précipiter dans la poitrine ; après avoir franchi la bouche et l'arrière-gorge, il trouve un premier rétrécissement, les cordes vocales supérieures, puis un second

---

1. Les lois sont les mêmes pour les gaz et les liquides ; ainsi, en colorant un jet de gaz avec de la fumée de tabac, M. Sondhaus a pu reproduire toutes les dispositions des veines liquides observées par Savart. Pour la veine liquide, on voit facilement dans sa partie agitée une série de ventres et de nœuds, mais on peut en saisir le mode de formation dans chaque gouttelette ; c'est ce qui arrive lorsqu'on éclaire une veine avec l'étincelle électrique. L'étincelle ne durant qu'un instant, les gouttes paraissent immobiles et composées d'une série de petits disques alternativement allongés ou renflés. J'ai reproduit dans mon travail sur *les causes et le mécanisme du bruit de souffle,* une figure qui représente parfaitement ce phénomène.

plus marqué, les cordes vocales inférieures ; ces dernières, bien que relâchées dans la respiration normale, ne mesurent entre elles que de $0,008^{mm}$ à $0,014^{mm}$, tandis qu'immédiatement au-dessous la trachée n'a pas moins de $0,022^{mm}$. L'air rencontre donc à ce niveau un rétrécissement et il se forme une veine fluide.

C'est aux vibrations de cette veine fluide que MM. Chauveau et Bondet rapportent le bruit glottique inspiratoire ; de même pour eux le murmure vésiculaire serait dû à des veines fluides alvéolaires, et, en effet, après avoir traversé des tubes dont le calibre diminue progressivement comme la trachée, les grosses et les petites bronches, l'air arrive dans la vésicule par la dernière ramification bronchique ; il y a donc là un orifice brusquement rétréci et en le traversant l'air doit pénétrer l'alvéole en vibrant. Il se forme ainsi une veine fluide dans chaque alvéole et leur ensemble constitue le murmure vésiculaire inspiratoire.

Voyons maintenant comment on peut comprendre le bruit expiratoire. Nous avons laissé l'air pénétrant l'alvéole à l'état de veine fluide. Lorsque arrive l'expiration, la vésicule se vide, le poumon, entraîné vers son hile en vertu de son élasticité, exprime l'air qu'il contenait ; dans ce courant en retour nous ne trouvons aucun changement brusque de calibre. L'air arrive bien dans des tubes de plus en plus gros, mais le changement est progressif, et d'ailleurs le calibre de la trachée ne dépasse pas en étendue celui des bronches qui s'y déversent ; il nous faut donc arriver jusqu'à la glotte pour trouver une cause de vibration. C'est, du reste, ce que nous enseigne l'expérimentation, puisque après la trachéotomie nous voyons disparaître l'expiration.

Quel est donc le mécanisme de ce bruit? Est-ce une veine fluide se formant aux dernières cordes vocales, allant retentir dans l'arrière-gorge, et qu'on entendrait par propagation en retour dans la trachée, les bronches et le poumon? Évidemment non ; le bruit de la veine fluide se propage toujours dans le sens de l'écoulement, jamais en sens inverse. De plus, au lieu de trouver, comme dans l'inspiration, une dilatation brusque après le rétrécissement, condition très-favorable aux vibrations de la veine fluide, le courant de l'expiration arrive dans une espace rétréci de nouveau par les cordes vocales supérieures et par la base de l'épiglotte. Ce n'est pas tout : si nous auscultons à la région cervicale, nous trouvons que le bruit de l'expiration est non-seulement plus fort, mais aussi plus prolongé ; or la quantité d'air étant la même pour l'inspiration et pour l'expiration, si le bruit de cette dernière est plus long, c'est que l'air sort de la poitrine moins vite qu'il n'y entre, et, comme l'intensité du son diminue avec la vitesse du courant d'air, le bruit expiratoire devrait être plus faible s'il était dû aux vibrations d'une veine fluide et ne s'entendrait pas dans la trachée, à plus forte raison jusqu'à la base de la poitrine.

Comment expliquer l'intensité plus grande du bruit expiratoire à la glotte alors que toutes les circonstances semblent s'opposer à la formation de ce bruit?

Il faut donc qu'il trouve dans son mécanisme spécial une intensité plus grande, bien que le courant d'air qui le produit soit moins rapide, et une propagation dans le sens de la trachée et du poumon, bien que l'écoulement ait lieu en sens inverse.

Nous avons étudié l'orifice rétréci et nous avons vu qu'en le traversant l'air vibrait sous forme de veine fluide ; mais si nous plaçons devant celle-ci un petit obstacle, aussitôt le son acquiert plus d'intensité et son mode de propagation change.

On admet en physique, pour expliquer la production du bruit dans ce cas, le sifflet par exemple, que le courant d'air lancé par la lumière, c'est-à-dire par l'embouchure, vient se briser sur la petite arête transversale rigide qui se trouve placée en face et à laquelle on donne le nom de *biseau*. Dans ces conditions le bruit se fait avec plus d'intensité, la preuve c'est qu'en enlevant le biseau l'air traverse toujours la lumière, mais, ne rencontrant plus d'obstacle, il forme simplement une veine fluide beaucoup moins bruyante.

Une seconde conséquence du biseau, c'est de déterminer *en sens inverse du courant la propagation du son*. On sait qu'elle se fait toujours dans le sens de *l'ébranlement primitif*, et dans le biseau cet ébranlement se produit sur l'arête, où l'air comprimé réagit contre le courant.

Si nous trouvons dans la disposition de la glotte quelque chose d'analogue au biseau du sifflet, nous comprendrons parfaitement : 1° pourquoi le bruit expiratoire, bien que produit par un courant d'air plus lent, est cependant plus intense à la glotte que le bruit inspiratoire ; 2° pourquoi ce même bruit expiratoire se propage de haut en bas, c'est-à-dire en sens inverse du courant.

Il suffit d'examiner l'intérieur du larynx, représenté ci-dessous, pour se convaincre que cette disposition en

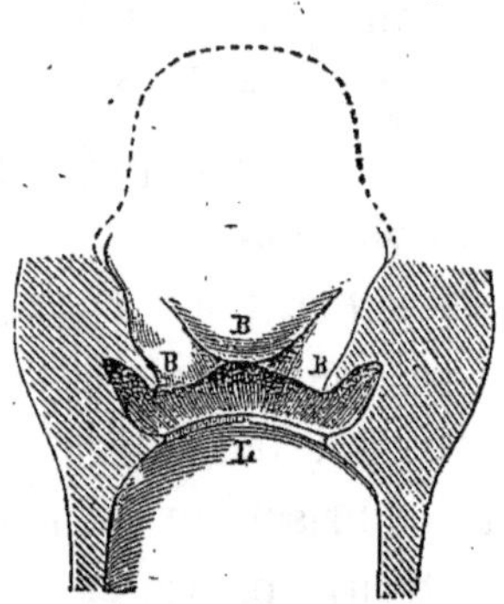

biseau existe au-dessus des cordes vocales inférieures. Nous voyons, en effet, qu'après avoir traversé par l'orifice **L** l'espace compris entre ces organes, l'air arrive obliquement en haut et en avant et vient se briser·aux points b . b b à la base de l'épiglotte et contre les cordes vocales supérieures, dont le bord libre est dirigé en bas et en dedans. La figure 1. représente un larynx dont j'ai enlevé la partie postérieure : on voit que les points b b b constituent un biseau hémi-circulaire, au-dessous duquel la partie ombrée indique le cul-de-sac formé par la réunion en avant des ventricules du larynx; cette disposition, qui rappelle tout à fait celle de l'aorte insuffisante, est très-favorable à la production du son.

Le courant d'air de l'expiration qui vient se briser sur le biseau b b b entrera plus facilement en vibration que celui de l'inspiration, parce que le mécanisme du biseau produit plus facilement un bruit que le simple *orifice rétréci.* Voilà pourquoi, écouté à la région glottique, le bruit expiratoire est plus intense que le bruit inspiratoire.

De plus, c'est aux points *b b b* que se brise le courant expiratoire et que se fait par conséquent *l'ébranlement primitif;* comme c'est toujours dans le sens de cet ébranlement que se propage le son, ce sera, dans le cas actuel, en sens inverse du courant, c'est-à-dire de la glotte au poumon. Voilà pourquoi le bruit expiratoire, bien que se formant à la glotte, s'entend cependant à la base de la poitrine ; mais il y est toujours très-faible et très-court, parce qu'il ne se propage pas aussi loin que pendant son maximum d'intensité. Tandis que le bruit inspiratoire, qui se produit dans les alvéoles, est, à ce niveau, plus fort et plus long.

Cette théorie des bruits de la respiration n'est pas seulement rigoureusement scientifique et confirmée par l'expérimentation, mais elle nous rend facile l'intelligence des faits cliniques les plus obscurs.

Prenons quelques exemples :

Si les vésicules viennent à être oblitérées, comme dans la pneumonie, par les produits inflammatoires, l'air ne pénétrant plus l'alvéole, le murmure vésiculaire disparaît et le souffle tubaire qu'on entend est tout simplement le bruit glottique exagéré parce que la respiration est plus fréquente, et mieux propagé parce que le poumon hépatisé est devenu meilleur conducteur du son. Si on pratique alors une trachéotomie, ainsi que l'ont fait MM. Chauveau et Bondet, on n'entend plus rien.

Il se produit un phénomène analogue après la section du pneumo-gastrique. On sait, depuis les belles recherches de MM. Cl. Bernard, Longet, qu'à la suite de cette opération le poumon devient emphysémateux. En disposant convenablement une loupe dans l'épaisseur des parois thoraciques, M. Cl. Bernard a même pu voir la vésicule se dilater.

L'air qui arrive dans la poitrine, trouvant les vésicules déjà distendues, ne peut s'y précipiter avec la même force, et c'est pourquoi M. Bondet a vu disparaître le murmure vésiculaire inspiratoire après la section du pneumogastrique. C'est par le même mécanisme qu'on peut comprendre l'affaiblissement de ce murmure dans la poitrine des emphysémateux.

D'autres fois, au contraire, certaines veines fluides acquièrent une plus grande intensité et peuvent même nous induire en erreur ; c'est surtout, comme l'a fait remarquer M. Potain, lorsqu'elles sont provoquées par les changements de volume du cœur. Voici comment : pendant la diastole un certain nombre d'alvéoles se trouvent appliquées sur le cœur et sont par conséquent plus ou moins vides d'air ; mais lorsque arrive la systole, la compression cesse brusquement par suite du retrait du cœur, et l'air vient former dans chaque alvéole une petite veine fluide ; la compression reparaît avec la diastole, l'air est chassé mécaniquement, puis, la vésicule ainsi vidée se trouvant de nouveau abandonnée pendant la systole, de nouvelles veines fluides se reproduisent dans les alvéoles, et ainsi de suite à chaque contraction cardiaque. Il en résulte un bruit, pulmonaire il est vrai, mais d'autant plus facile à confondre avec un bruit d'anémie ou de rétrécissement vasculaire, qu'il a lieu dans la région du cœur et coïncide avec la systole de cet organe.

La respiration prendra encore le caractère soufflant dans certaines circonstances : soit que le bruit se produise réellement avec plus de force, comme on l'observe, d'après M. Sée, le soir chez les fiévreux, parce que la respiration s'accélère avec la fièvre. (nous avons vu cette relation avec la vitesse du courant d'air), soit que le bruit, sans être plus fort à la glotte, trouve une propagation plus facile dans un poumon devenu plus dense. Tel est le mode d'action de toutes ces affections qui épaississent le parenchyme pulmonaire, infiltration tuberculeuse, pneumonie, pleurésie, etc. Dans cette dernière le murmure vésiculaire disparaît parce que les vésicules sont comprimées et qu'il ne se forme plus de veine fluide dans leur intérieur, mais les bruits glottiques s'entendent plus facilement parce que l'épanchement conduit mieux le son. On pourrait croire que les bronches comprimées par le liquide de la pleurésie vont se comporter comme des tubes aplatis, et qu'au niveau du rétrécissement il va se former des veines fluides ; il n'en est rien cependant, parce que au-dessous des bronches ainsi aplaties les petites bronches et les vésicules sont elles-mêmes comprimées par l'épanchement, vides d'air et par conséquent incapables de déterminer une circulation aérienne suffisante pour produire un souffle local. Enfin si l'épanchement devient très-considérable, la respiration cessera entièrement dans le poumon, et, avec elle, toute espèce de bruit.

On entend quelquefois à la base du cœur un double bruit de souffle dont les caractères rappellent tout à fait ceux des bruits respiratoires écoutés sur la trachée; c'est lorsque l'aorte est tout à la fois rétrécie et insuffisante.

Au moment de la systole, la masse du sang, lancée par la contraction ventriculaire, franchit l'aorte en vibrant et forme à ce niveau une veine fluide dont le frémissement et le bruit, se propageant avec le courant, se perçoivent jusque dans les vaisseaux du cou.

Peut-on comprendre par le même mécanisme le bruit diastolique? mais, dans l'ondée en retour de l'insuffisance, le peu de liquide qui retombe dans le ventricule, la force d'impulsion beaucoup moindre, la direction de la veine dont les vibrations s'entendraient dans le ventricule, c'est-à-dire à la pointe, sont autant de causes qui rendraient le bruit diastolique imperceptible ; enfin, et cette considération est péremptoire, comment expliquer le frémissement qui remonte quelquefois jusque dans les carotides? Il est physiquement impossible qu'une veine fluide produise un frémissement en amont du rétrécissement; nous retrouvons donc les mêmes difficultés que pour expliquer par une veine fluide le bruit expiratoire. Avec le mécanisme du biseau, au contraire, on comprend parfaitement ces différences d'intensité et de propagation.

En effet, de même que le courant d'air de l'expiration vient se briser sur la base de l'épiglotte et le rebord des cordes vocales supérieures, de même l'ondée sanguine en retour vient se briser sur le rebord des valvules insuffisantes; une partie du sang retombe dans le ventricule, l'autre est refoulée dans les culs-de-sac des sygmoïdes et c'est au niveau de cette division que se fait l'ébranlement primitif, de la même manière que sur la base de l'épiglotte et aux cordes vocales supérieures pour le courant expiratoire. C'est aussi de la même manière que se propagera le son, en sens inverse du courant. Voilà pourquoi le souffle et le frémissement remontent l'aorte, tandis que le sang retourne au ventricule; voilà pourquoi le bruit expiratoire retentit de la glotte au poumon, tandis que l'air est chassé de la poitrine.

Cette théorie n'est pas applicable seulement à l'insuffisance aortique, mais à toutes les autres. Ainsi, pour l'insuffisance mitrale, si le bruit de souffle était dû aux vibrations d'une veine fluide allant se former dans l'oreillette, on aurait son maximum d'intensité à la base du cœur; c'est au contraire à la pointe qu'on le perçoit, parce qu'il prend naissance sur le rebord de la valvule insuffisante. C'est toujours le même mécanisme, qu'on pourrait appeler *mécanisme des insuffisances.*

En faisant des expériences sur ce sujet[1], nous avons pu, M. Bravais et moi, reproduire tous ces phénomènes. Ainsi, avec les conditions mécaniques des insuffisances, nous obtenions, sur des tubes inertes, un bruit de souffle et un frémissement allant en sens inverse du courant; c'était le contraire dans les cas de rétrécissement.

1. Bergeon, *Causes et mécanisme du bruit de souffle.* Paris, 1868.

Nous pouvons résumer ainsi cette étude des bruits de la respiration :

Le bruit inspiratoire a pour ainsi dire un double siége, la glotte et le poumon; il est dû aux vibrations de veines fluides se formant aux cordes vocales inférieures (bruit glottique inspiratoire) et dans les alvéoles pulmonaires (partie inspiratoire du murmure vésiculaire).

Le bruit expiratoire, au contraire, a un siége unique, la glotte; il est dû à un mécanisme spécial. Ce mécanisme, qui est celui du biseau, explique : 1° pourquoi le bruit expiratoire est le plus fort à la glotte, bien que le courant d'air qui le produit soit plus lent; 2° pourquoi sa propagation se fait si facilement de la glotte au poumon, en sens inverse du courant d'air qui sort de la poitrine.

Enfin, en nous appuyant sur ce principe de physique que les mêmes lois acoustiques régissent l'écoulement des gaz et des liquides, nous avons pu expliquer par ce même mécanisme du biseau : 1° l'intensité du bruit de souffle des insuffisances valvulaires malgré la faiblesse de l'ondée sanguine en retour; 2° le mode spécial de propagation du bruit et du frémissement en sens inverse du courant, c'est-à-dire dans l'aorte, pour l'insuffisance aortique, tandis que le sang retombe dans le ventricule, à la pointe pour l'insuffisance mitrale, tandis que le sang retourne à l'oreillette.

PARIS, J. CLAYE, IMPRIMEUR, 7, RUE SAINT-BENOIT. — [282]